CONSERVATOIRE NATIONAL DES ARTS ET MÉTIERS

COURS D'AGRICULTURE

CHAMP D'EXPÉRIENCES
DU PARC DES PRINCES

Dixième et onzième années. — 1901-1902

CULTURES ET RÉCOLTES DE 1901

PROGRAMME DES EXPÉRIENCES DE 1902

NATURE DES FUMURES ET DES RÉCOLTES

PARIS
IMPRIMERIE NATIONALE

MDCCCCII

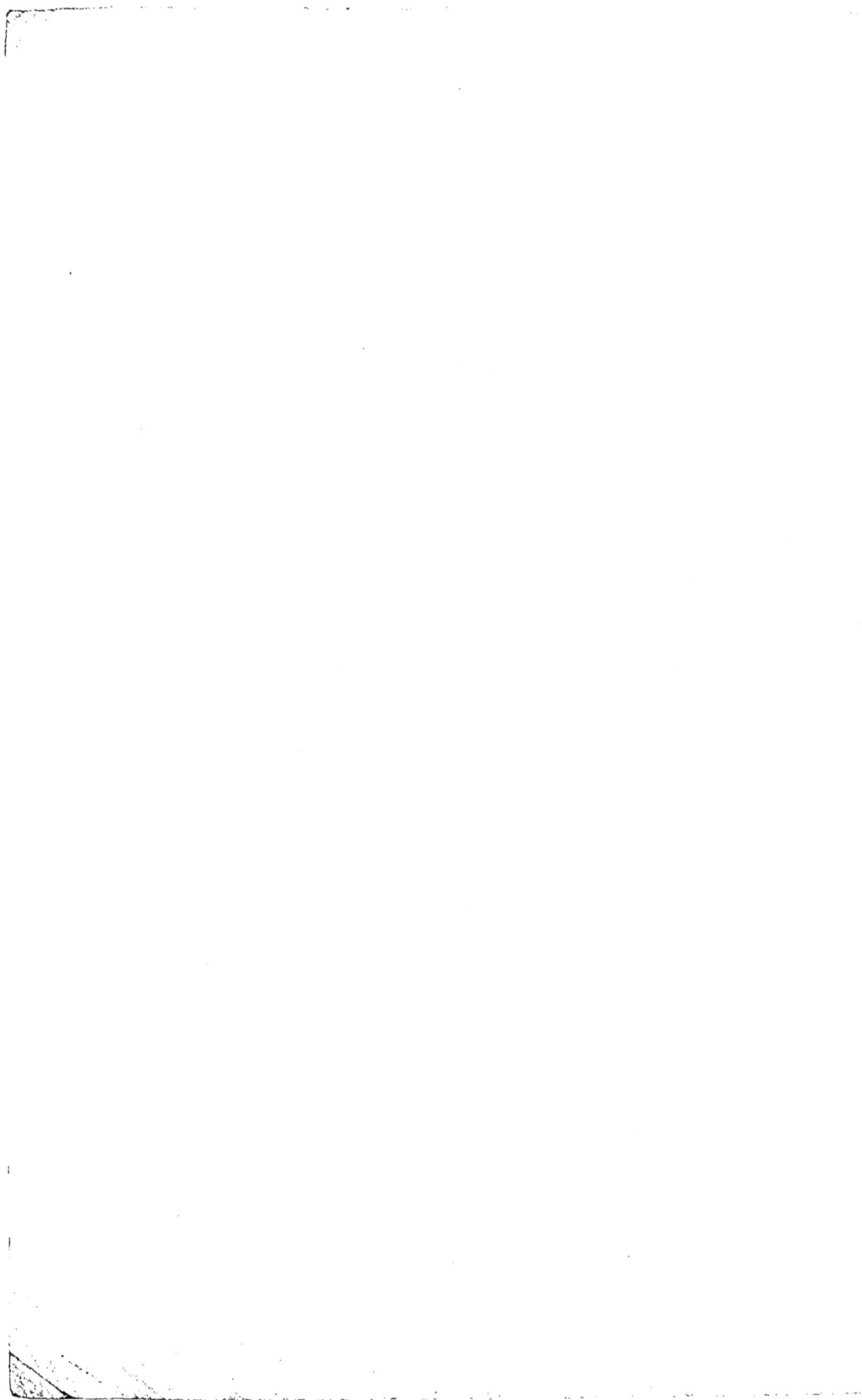

CONSERVATOIRE NATIONAL DES ARTS ET MÉTIERS.

COURS D'AGRICULTURE.

CHAMP D'EXPÉRIENCES DU PARC DES PRINCES.

Dixième et onzième années. 1901 et 1902.

I. RÉCOLTES DE 1901.

FUMURES ANTÉRIEURES.

Les PARCELLES II à XV avaient reçu, en 1892, 300 kilogrammes d'acide phosphorique à l'hectare, sous les divers états indiqués dans le tableau de la première série d'expériences 1892-1897, et 200 kilogrammes de potasse, sous forme de kaïnite.

En 1898, on a jugé utile de renouveler les fumures phosphatées, en grande partie épuisées par les récoltes de 1892 à 1897, et d'entreprendre une série nouvelle d'expériences sur l'action des divers engrais phosphatés sur les rendements du Parc des Princes.

Les PARCELLES II à XV ont reçu, à cet effet, en 1898, 150 kilogrammes d'acide phosphorique à l'hectare, sous les différentes formes indiquées dans la notice de 1900-1901. Les parcelles I et XVI, sans fumure aucune depuis le défrichement du terrain en 1891-1892, continuent à servir de témoins. Pas plus qu'antérieurement, elles n'ont reçu de fumure en 1898.

Les expériences de fumure ont porté, pour les années 1898, 1899, 1900 et 1901, sur les phosphates suivants :

PARCELLES II, III et IV. — Phosphate de Tébessa.

PARCELLES V, VI, VII, VIII, XIII, XIV et XV. — Scories de déphosphoration, de finesse et de solubilité différentes dans l'acide citrique.

Parcelle IX. — Phosphate de Portugal.

Parcelles X, XI et XII. — Superphosphate minéral et superphosphate d'os.

Parcelles V, VI, VII et VIII. — *Scories de déphosphoration.* — Phosphate Thomas-Gilchrist de l'aciérie de Mont-Saint-Martin : trois états différents :

> Scories tout-venant : finesse, 87 p. 100 au tamis n° 100; solubilité au citrate, 90.1 p. 100 (*b, b, b, b* du plan de 1898).
>
> Scories tamisées : 100 p. 100 au tamis 100; solubilité, 75.1 p. 100 (*c, c, c, c* du plan).
>
> Scories restant sur le tamis 100 (13 p. 100 de la scorie tout-venant); solubilité, 81.4 p. 100 (*a, a, a, a* du plan).

Parcelles XIII, XIV et XV. — *Scories du Creusot* (four Martin) :

> *a, a, a.* Scories (broyeur Davidsen); tout passe au tamis 200; solubilité, 14.2 p. 100.
>
> *b, b, b.* Scories tout-venant, finesse 75.54 p. 100; solubilité au citrate, 8.6 p. 100.

RÉCOLTES DE 1900-1901.

I. CULTURE DU BLÉ ET DU SEIGLE. — SEMIS DRUS ET SEMIS CLAIRS.

Nous avons fait connaître dans la notice de 1900-1901 le résultat des essais comparatifs de 1899-1900 sur l'influence des semailles de blé et seigle avec des quantités très différentes de grains. M. Schribaux a été conduit, on le sait, il y a quelques années, à préconiser, pour l'obtention des rendements élevés, la supériorité des blés à faible tallage semés drus, sur les ensemencements clairs de variétés de froment produisant de nombreuses talles. D'une façon générale, il conseille les semis denses, s'appuyant pour cela à la fois sur ses propres expériences et sur les résultats obtenus par des cultivateurs émérites, comme Florimond Desprez à Capelle et d'autres.

Nous nous sommes proposé, à notre tour, d'expérimenter l'influence de la quantité variable de semence sur la production d'une même variété de céréales et nous avons choisi le blé d'Altkirch (blé d'Alsace) et le seigle de Brie que nous cultivons depuis plusieurs années avec succès au Parc des Princes. Comme on va le voir, les résultats de 1901 ont confirmé ceux de l'année précédente.

Blé. — Variété d'Alsace ou d'Altkirch : très résistant au froid et précoce, donnant un grain d'excellente qualité. Le poids de l'hectolitre de grains a varié, au Parc des Princes, de 81.8 à 84 kilogr.; il a été trouvé, en 1900, en moyenne, pour la récolte des parcelles diversement fumées, égal à 82 kilogr.

Seigle. — Variété de Brie, qui se plaît particulièrement bien dans le sol léger du Parc des Princes, où elle a constamment donné des rendements élevés. Poids de l'hectolitre, cette année : 73 kilogr.

Les parcelles destinées à la culture de ces céréales, divisées en deux parties égales, ont été ensemencées le même jour à deux compacités différentes. La semence provenait de la récolte de 1900; la semaille a été faite le 8 octobre, au semoir Planet-Pilter, en lignes espacées de 0 m. 20. La récolte a eu lieu, à pleine maturité, pour les deux céréales du 16 au 18 juillet 1901. Les quantités respectives de semences employées, rapportées à l'hectare, ont été les suivantes :

SEMAILLE DRUE.

Blé........................ 167 kilogr., soit 2 hectol. 04
Seigle........................ 158 kilogr., soit 2 hectol. 16

SEMAILLE CLAIRE.

Blé........................ 69 kilogr. 5, soit 0 hectol. 85
Seigle........................ 50 kilogr., soit 0 hectol. 68

On se rappelle que les doses d'acide phosphorique et de potasse reçues par le sol sont identiques depuis l'origine pour chaque parcelle. En 1901, on a donné au blé, comme au seigle, 100 kilogr. de nitrate de soude (à l'hectare), soit 15 kilogr. d'azote environ, en deux épandages à la volée : le premier au début de la végétation (mars), le second au moment de l'épiage.

Voici le résultat des battages exécutés avec le plus grand soin :

BLÉ D'ALTKIRCH (*8 expériences*).

NUMÉROS DES PARCELLES. —	SEMIS À 167 KILOGR. À L'HECTARE. Récolte.		SEMIS À 69.5 KILOGR. À L'HECTARE. Récolte.	
	Grain.	Paille.	Grain.	Paille.
I. Témoin [1]	5.24	8.09	6.64	9.51
II. Tébessa	23.56	38.57	16.55	24.04
IX. Portugal	20.30	35.88	15.69	24.83
X. Superphosphate	23.25	39.80	17.22	28.50
XV. Scories du Creusot	20.67	32.29	15.47	21.93
	19.50	29.33	12.38	17.97
VIII. Scories de Mont-Saint-Martin.	33.11	56.05	23.55	35.56
	26.12	42.62	15.47	22.02
	28.69	43.39	14.51	21.31
MOYENNES	24.40	39.68	16.35	24.52

SEIGLE DE BRIE (*8 expériences*).

NUMÉROS DES PARCELLES. —	SEMIS À 158 KILOGR. À L'HECTARE. Récolte.		SEMIS À 50 KILOGR. À L'HECTARE. Récolte.	
	Grain.	Paille.	Grain.	Paille.
I. Témoin [1]	12.56	25.39	8.91	15.81
II. Tébessa	24.47	50.83	19.37	36.46
IX. Portugal	23.32	46.30	17.65	32.45
X. Superphosphate	30.78	66.83	22.20	44.46
XV. Scories du Creusot	32.17	63.04	24.40	46.30
	27.66	57.88	21.39	39.71
VIII. Scories de Mont-Saint-Martin.	39.81	87.55	29.29	64.66
	37.33	82.94	25.45	56.90
	35.19	75.89	21.42	47.46
MOYENNES	31.90	66.39	22.63	46.05

Ces chiffres mettent en évidence plusieurs faits intéressants qu'on peut résumer sommairement comme suit :

1° Les rendements de la parcelle témoin, sans fumure depuis l'origine, deviennent plus faibles d'année en année; ils sont tombés en

_____
[1] La récolte du témoin n'est pas comprise dans le calcul des moyennes.

1901 au chiffre le plus bas qu'ils aient fourni jusqu'ici. Si minimes que soient ces rendements, ils paraîtront encore élevés si l'on tient compte de la pauvreté du sol en principes fertilisants (0.04 p. 100 de terre en azote, 0.02 p. 100 en acide phosphorique, 0.03 p. 100 en potasse, en 1892). C'est l'ameublissement du sol résultant du défoncement et sa propreté, qui seuls, en l'absence de fumure, permettent aux plantes de trouver encore à s'alimenter, si faiblement que ce soit;

2° La récolte moyenne des parcelles, même de celles qui ont reçu la plus faible quantité de semence, excède encore de beaucoup les rendements moyens du sol français, bien qu'étant inférieure notablement au produit de certaines terres abondamment fumées et cultivées par des agriculteurs émérites. Les rendements moyens les plus faibles de la dernière récolte du Parc des Princes (16 quintaux de blé et 23 quintaux de seigle) montrent, en tout cas, l'influence d'une culture soignée et la possibilité d'obtenir en sol pauvre, avec une fumure de moins de 100 francs à l'hectare, des récoltes rémunératrices. Ces résultats, qui confirment ceux des années précédentes, me paraissent de nature à encourager les petits cultivateurs à entrer le plus largement possible dans la voie que leur ouvre actuellement le bon marché des matières fertilisantes, en complétant la fumure de leur terre par l'emploi de l'acide phosphorique, des sels de potasse et du nitrate de soude;

3° Le fait le plus intéressant qui ressort des expériences de 1901 est la réponse très nette à la question que nous avions principalement en vue d'élucider : l'influence de la densité du semis sur la récolte.

Si l'on rapproche les moyennes des rendements en grain et paille des céréales semées à compacités différentes, on constate, en effet, des écarts tout à fait significatifs :

Récoltes moyennes :

Blé semé à 167 kilogr., grain . . . .   24.40 quintaux.
Blé semé à 69 kilogr. 5, grain. 16.35

Excédent de grain 8.05

Seigle semé à 158 kilogr., grain 31.90
Seigle semé à 50 kilogr., grain. 22.63

Excédent de grain 9.27

2.

La comparaison des rendements en paille accuse de même des excédents (à l'hectare) de 15 quint. 16 pour le blé et de 23 quint. 34 pour le seigle.

Les conséquences économiques qui résultent de ces constatations sont faciles à déduire. Les dépenses de fumure et les soins d'entretien étant les mêmes dans les deux cas, la plus-value obtenue par les semis drus s'établit en calculant la valeur des *excédents* en grain et en paille et en retranchant des chiffres trouvés le prix de la quantité de semence employée en plus dans l'un des cas.

BLÉ.

	fr. c.
8 quint. 05 grain en excédent à 21 francs le quintal......	169.00
15 quint. 15 en paille à 3 fr. 80 le quintal	57.60
TOTAL...............	226.60
Semences en excédent 97 kilogr. 5 à 25 francs, à déduire..	24.40
BÉNÉFICE NET...............	202.20

Le même calcul, appliqué au seigle, dénote un bénéfice sensiblement égal à celui que fournit le blé :

SEIGLE.

	fr. c.
9 quint. 27 grain à 15 francs...................	131.00
23 quint. 34 paille à 3 fr. 50..................	81.70
TOTAL...............	210.70
Semence en excédent 108 kilogr. à 17 francs à déduire....	19.00
BÉNÉFICE.............	191.70

Nous sommes donc autorisé à conclure — en ce qui concerne le blé d'Alsace et le seigle de Brie — cultivés dans les conditions de sol qu'offre le Parc des Princes — qu'il y a un avantage réel à semer dru, c'est-à-dire dans les limites ordinairement admises d'environ 2 hectolitres à l'hectare. L'économie apparente qui résulte d'une diminution notable de la quantité de semences est en réalité une cause de diminution sensible dans les rendements et, partant, dans le bénéfice de la culture. puisque toutes les autres dépenses restent les mêmes dans les deux cas.

II. EXPÉRIENCES SUR L'INFLUENCE DE LA TOURBE EN SOL SILICEUX.

Le champ d'expériences n'ayant reçu depuis sa création aucune fumure organique, il a paru intéressant d'expérimenter l'influence que la tourbe exercerait sur la fertilité d'un sol qui a reçu des doses élevées de phosphates et de sels potassiques, bien que la pauvreté du sol du Parc des Princes en chaux rendît peu probable une nitrification rapide de l'azote de la tourbe.

En se reportant au plan du champ de l'année 1901, on voit le mode de distribution de la tourbe de Hollande dont la composition était la suivante :

Matières organiques (combustibles)...................	81.61
Matières minérales (cendres).......................	1.39
Humidité	17.00
Total.....................	100.00

Cette tourbe contenait (pour 100) o gr. 765 d'azote organique, o gr. 028 d'acide phosphorique et o gr. 006 de potasse. Elle a donc apporté au sol, à la dose de 50.000 kilogr. à l'hectare, les quantités suivantes de ces trois principes :

Azote..	382 kilogr.
Acide phosphorique.............................	14
Potasse	3

Moitié de chacune des seize parcelles du champ a reçu, au mois d'octobre 1900, une quantité de tourbe de Hollande correspondant à 50.000 kilogr. à l'hectare, soit 75 kilogr. de tourbe par demi-parcelle de 150 mètres carrés. Afin de comparer l'action de l'azote minéral à celle de l'azote organique de la tourbe, chaque demi-parcelle tourbée a été divisée à son tour en deux parties égales, dont l'une a reçu du nitrate de soude, l'autre non.

Le blé et le seigle ont été nitratés en deux fois à la dose totale de 100 kilogr. à l'hectare; les pommes de terre ont reçu 300 kilogr. de nitrate à la plantation. Les parties non tourbées ont été nitratées aux mêmes doses. Les parcelles témoins, tourbées par moitié comme les autres, n'ont pas reçu de nitrate.

Chaque parcelle en expérience a donc présenté, sous le rapport de la fumure, indépendamment de la nature de la plante cultivée, trois conditions distinctes, savoir :

1. Culture sur fumure minérale seule, avec nitrate.
2. Culture sur fumure minérale en sol tourbé sans nitrate.
3. Culture sur fumure minérale en sol tourbé avec nitrate.

Les céréales ont été semées en ligne à o m. 20 au semoir Pilter-Planet le 8 octobre 1901. Les pommes de terre ont été plantées à o m. 50 sur o m. 60 le 28 avril 1901.

J'ai indiqué plus haut les quantités de semences de blé et de seigle employées. (Voir p. 5.)

L'année 1901 a été, par suite de la sécheresse prolongée, peu favorable à la récolte des pommes de terre et pas davantage probablement à la désagrégation de la tourbe dans le sol. Quoi qu'il en soit, le résultat d'expériences méthodiquement conduites étant toujours intéressant, nous réunissons ci-dessous les principaux éléments des récoltes de céréales et de pommes de terre en sols non tourbé, tourbé sans nitrate, tourbé et nitraté.

CÉRÉALES.

1. — Blé d'Altkirch.

Récoltes à l'hectare en quintaux métriques.

NUMÉROS DES PARCELLES.			SANS TOURBE AVEC NITRATE.	AVEC TOURBE SANS NITRATE.	TOURBE ET NITRATE.
			q. m.	q. m.	q. m.
	Témoin sans fumure.				
I...	Semis à 69ᵏ 5	Grain ...	5.24	8.89	u
		Paille[1] ..	8.09	13.41	u
	Semis à 167 kilogr.	Grain ...	6.64	11.84	u
		Paille....	9.51	16.37	u
	Tébessa.				
II..	Semis à 69ᵏ 5	Grain ...	14.53	13.38	21.75
		Paille....	21.11	19.44	31.58
	Semis à 167 kilogr..	Grain ...	22.85	20.81	27.03
		Paille....	37.40	34.06	44.25

[1] Balles complétées avec la paille.

NUMÉROS DES PARCELLES.			SANS TOURBE AVEC NITRATE.	AVEC TOURBE SANS NITRATE.	TOURBE ET NITRATE.
			q. m.	q. m.	q. m.
Portugal.					
IX..	Semis à 69ᵏ5.....	Grain ...	14.11	13.71	19.27
		Paille....	22.30	21.67	30.46
	Semis à 167 kilogr..	Grain ...	19.62	18.51	22.78
		Paille....	34.74	32.78	40.32
Superphosphate.					
X..	Semis à 69ᵏ5.....	Grain ...	21.15	15.06	15.45
		Paille....	35.00	24.94	25.57
	Semis à 167 kilogr..	Grain ...	25.92	22.68	21.16
		Paille....	43.82	38.34	35.76
Scories Davidsen.					
XV.	Semis à 69ᵏ5.....	Grain ...	11.95	13.33	21.15
		Paille....	16.95	18.89	29.96
	Semis à 167 kilogr..	Grain ...	19.07	18.64	24.28
		Paille....	29.81	29.13	37.94
Scories ordinaires.					
XV.	Semis à 69ᵏ5.. ...	Grain ...	10.27	11.67	15.22
		Paille....	14.17	16.16	23.66
	Semis à 167 kilogr..	Grain ...	17.00	20.40	21.10
		Paille....	25.50	28.60	33.90

La moyenne des chiffres de ces récoltes donne les résultats suivants rapportés à l'hectare :

	GRAIN.	PAILLE.
	q. m.	q. m.
Tourbe + nitrate........................	20.92	33.34
Nitrate seul............................	17.65	28.08
Excédent dû à la tourbe.........	3.27	5.26
Tourbe + nitrate	20.92	33.34
Tourbe seule...........................	16.84	26.39
Excédent dû au nitrate........	4.08	6.95

La tourbe coûtant 3 fr. 35 les 1.000 kilogr., 50.000 kilogr. à l'hectare représentent une dépense de 167 fr. 50 tandis que 100 kilogr.

de nitrate ne coûtant que 25 francs ont produit, sur la récolte des parcelles tourbées sans nitrate, un excédent de 4 quintaux grain et 7 quintaux paille valant 98 francs environ.

2. — Seigle.

Récoltes à l'hectare en quintaux métriques.

NUMÉROS DES PARCELLES.			SANS TOURBE AVEC NITRATE.	AVEC TOURBE SANS NITRATE.	TOURBE ET NITRATE.
			q. m.	q. m.	q. m.
Témoin sans fumure.					
XVI.	Semis à 50 kilogr...	Grain ...	8.91	11.66	»
		Paille....	15.81	22.22	»
	Semis à 158 kilogr..	Grain ...	12.56	16.05	»
		Paille....	25.39	34.46	»
Tébessa.					
II..	Semis à 50 kilogr...	Grain....	17.25	17.73	23.13
		Paille....	32.47	33.38	43.53
	Semis à 158 kilogr..	Grain ...	22.08	22.83	28.50
		Paille....	45.87	47.43	59.20
Portugal.					
IX..	Semis à 50 kilogr...	Grain ...	18.50	15.07	19.38
		Paille....	34.00	27.70	35.62
	Semis à 158 kilogr..	Grain ...	24.47	19.40	26.10
		Paille....	48.61	38.55	51.85
Superphosphate.					
X..	Semis à 50 kilogr...	Grain ...	28.49	18.13	19.98
		Paille....	57.06	36.31	40.02
	Semis à 158 kilogr..	Grain . .	33.63	30.40	28.30
		Paille....	73.03	66.03	61.44
Scories Davidsen.					
XV.	Semis à 50 kilogr...	Grain ...	21.11	24.18	28.02
		Paille....	40.00	45.82	53.09
	Semis à 158 kilogr..	Grain ...	32.92	27.31	36.29
		Paille....	63.85	53.80	71.48
Scories ordinaires.					
XV	Semis à 50 kilogr...	Grain ...	23.93	17.11	23.72
		Paille....	43.33	31.77	44.05
	Semis à 158 kilogr..	Grain ...	27.67	24.07	31.26
		Paille....	57.88	50.37	65.40

Moyennes des récoltes rapportées à l'hectare :

	GRAIN.	PAILLE.
	q. m.	q. m.
Tourbe + nitrate	26.47	52.57
Nitrate seul	25.00	49.11
EXCÉDENT dû à la tourbe	1.47	2.96

	GRAIN.	PAILLE.
	q. m.	q. m.
Tourbe et nitrate	26.47	52.57
Tourbe seule	21.62	43.13
EXCÉDENT dû au nitrate	4.85	9.44

100 kilogr. de nitrate coûtant 25 francs net ont donc produit un excédent d'une valeur de 109 francs environ.

3. — Pommes de terre.

Le 30 avril 1901 on a planté les pommes de terre à 0 m. 50 sur 0 m. 60. Deux variétés : jaune de Hollande et saucisse rouge.

La récolte a souffert de la sécheresse. On a sulfaté à deux reprises. Dans le témoin XVI on a enlevé les fleurs sur la moitié de la variété jaune de Hollande. Les parcelles III, IV, V, VI, XI, XII, XIII et XIV ont reçu 300 kilogr. de nitrate en deux fois : moitié à la plantation, moitié le 27 juin, au buttage.

On a récolté tout le champ le 28 septembre 1901.

PARCELLE XVI. TÉMOIN SANS FUMURE.

Partie tourbée.

Fleurs conservées	4.605 kil. à l'hect.
Sans fleurs	4.452

Partie non tourbée.

Fleurs conservées	5.562 kil. à l'hect.
Sans fleurs	5.368

La récolte moyenne des pommes de terre dont on a conservé les fleurs a été de $\frac{10.167}{2} = 5.083$ kilogr. Celle des pommes de terre privées de leurs fleurs de $\frac{9.820}{2} = 4.910$ kilogr., soit une différence de 173 kilogr. seulement en faveur des plantes à fleurs.

Ce résultat confirme les essais antérieurs et montre le peu d'influence de l'enlèvement des fleurs sur le rendement en tubercules.

Rendements de la jaune de Hollande (rapportés à l'hectare) :

NUMÉROS DES PARCELLES.	TOURBE SANS NITRATE.	TOURBE AVEC NITRATE.	SANS TOURBE AVEC NITRATE.
	kilogr.	kilogr.	kilogr.
III	10.045	9.701	10.848
IV	10.508	10.632	11.069
XI	6.971	7.747	9.421
XII	7.172	6.155	9.024
XIII	7.180	7.122	9.085
XIV	5.156	6.606	6.478
V	9.496	9.424	11.263
VI	7.326	8.775	9.561
Moyennes	7.931	7.020	8.349

Rendements de la saucisse rouge (rapportés à l'hectare).

XVI. Parcelle témoin sans fumure. — Les pommes de terre n'ont pas fleuri.

Partie tourbée : 2.551 kilogr.

Partie non tourbée : 3.736 kilogr.

NUMÉROS DES PARCELLES.	TOURBE SANS NITRATE.	TOURBE AVEC NITRATE.	SANS TOURBE AVEC NITRATE.
	kilogr.	kilogr.	kilogr.
III	8.594	8.551	8.955
IV	7.366	6.758	7.885
XI	6.080	6.599	10.015
XII	6.433	5.924	6.720
V	8.561	8.378	11.104
VI	7.123	8.810	11.909
XIII	7.161	8.173	10.031
XIV	6.425	7.687	7.797
Moyennes	7.218	7.610	8.963

L'influence du nitrate a été beaucoup moins sensible l'an dernier que les années précédentes, ce qui tient sans doute à l'extrême sécheresse de la campagne de 1901. Cependant, les excédents dus au nitrate ont été encore appréciables, surtout sur la variété saucisse rouge, 1.745 kilogr. à l'hectare.

4. — Topinambours.

Cette plante, particulièrement intéressante pour les sols siliceux pauvres, offre en outre l'avantage de se conserver parfaitement dans le sol pendant l'hiver. Elle a été cultivée pour la première fois au Parc des Princes, lors de la création du champ d'expériences, en 1892, dans la parcelle XXIX, où nous l'avons plantée à nouveau en 1901. La variété plantée en 1892 était la rouge; elle nous avait été gracieusement envoyée par M. Garnot, l'agriculteur bien connu de Melun. L'espacement adopté cette année-là était o m. 33 sur o m. 60, soit environ 50.000 plants à l'hectare. La récolte s'est élevée à 29.940 kilogr. à l'hectare.

Le 4 avril 1901 on a planté, dans la parcelle XXIX, deux variétés de topinambours, que le docteur Cathelineau avait bien voulu m'envoyer de son domaine de Maine-et-Loire : variété rouge et variété blanche connue sous le nom de patate.

La parcelle XXIX a été divisée en sept petites parcelles à peu près égales, indiquées par les lettres A à G sur le plan. Moitié de chacune de ces petites parcelles a été plantée en topinambour rouge, l'autre en patate (topinambour blanc) à o m. 33 sur o m. 60 (50.000 plants à l'hectare).

Le 20 avril on a nitraté les parcelles A à F à la dose de 150 kilogr. à l'hectare. La parcelle G est demeurée, comme les années précédentes, sans fumure. Le 27 juin on a épandu à nouveau 150 kilogr. de nitrate au moment du buttage.

Les topinambours sont restés en terre jusqu'au 7 mars 1902; à l'arrachage tous les tubercules, sans exception, se sont montrés sains, fermes et sans aucune trace de ramollissement; on aurait pu retarder encore l'arrachage.

Voici les rendements obtenus dans chaque petite parcelle et rapportés à l'hectare :

NUMÉROS DES DIVISIONS.	NATURE DES FUMURES ANTÉRIEURES À 1901 [1].		TOPINAMBOUR ROUGE.	TOPINAMBOUR BLANC (PATATE).
			kilogr.	kilogr.
A. Scories à 37.5 p. 100..			19.638	20.728
B. Scories à 56.2 p. 100..	de PhO^5		23.963	24.408
C. Scories à 66.4 p. 100..	soluble		32.940	34.557
D. Scories à 90.2 p. 100..	au citrate		38.304	35.071
E. Scories et potasse, pas de nitrate........			12.650	18.941
F. Scories et nitrate, pas de potasse........			24.574	25.691
G. Témoin sans fumure.................			10.395	11.892

Contrairement à ce qui avait été observé antérieurement pour les céréales et pour les pommes de terre, les rendements en topinambours ont été en croissant (pour les deux variétés), parallèlement à la teneur en acide phosphorique soluble dans l'acide citrique des scories répandues en 1898 (dose de 150 kilogr. d'acide phosphorique total à l'hectare). Il y a là un fait intéressant à noter.

L'influence de la fumure minérale, en sol siliceux pauvre, sur les rendements du topinambour, est des plus manifeste. En effet, si l'on compare les moyennes des rendements du témoin, 11.143 kilogr., au rendement moyen des divisions A, B, C et D qui ont reçu la même fumure, rendements qui se sont élevés à 28.711 kilogr. pour la variété rouge et à 28.691 kilogr. pour la patate, on constate un excédent de récolte de ces parcelles sur le témoin sans fumure supérieur à 17.500 kilogr., soit 251 p. 100.

Ce résultat montre quel parti avantageux on peut tirer de la culture du topinambour pour la nourriture du bétail et, le cas échéant, pour la production de l'alcool dans les terrains légers et pauvres, à condition de les fumer convenablement.

---

[1] Voir la notice de la septième année (1897-1898).

II. FUMURES DE 1902.

PARCELLES II À XV.

Quatre récoltes successives. 1898 à 1901 inclus, ayant été faites sur la fumure de 1898, nous avons jugé utile de renouveler les fumures des parcelles II à XV, au printemps de cette année. On y a procédé le 12 mars 1902.

Conformément au plan adopté dès l'origine du champ d'expériences, on a continué à donner à chacune des parcelles même quantité d'acide phosphorique sous diverses formes, soit 300 kilogr. à l'hectare. Cette provision d'acide phosphorique devant suffire à six récoltes successives.

En vue de comparer l'influence d'une même dose d'engrais incorporée en une seule fois au sol ou répartie en plusieurs fois, chaque parcelle, ainsi que l'indique le plan de cette année, a été partagée en deux parties d'égale superficie. Le 12 mars, l'une des moitiés a reçu les 300 kilogr. d'acide phosphorique, l'autre, 100 kilogr. seulement.

Dans deux ans, on répandra à nouveau 100 kilogr. sur cette moitié, et le complément des 300 kilogr. sera donné à la fin de la quatrième année.

Deux nouveaux phosphates ont été introduits dans les essais. Le phosphate de Gafsa succède au phosphate de Tébessa, parcelles II, III et IV ; le phosphate noir de Cierp a été répandu dans les parcelles XIII, XIV et XV, précédemment fumées avec des scories de déphosphoration.

Dans la parcelle IX on a renouvelé la fumure de phosphate de Portugal (Apatite), employée depuis l'origine. Les parcelles X, XI et XII ont reçu du superphosphate, comme en 1898.

Les parcelles V, VI, VII et VIII ont été à nouveau fumées avec des scories de déphosphoration.

Enfin toutes les parcelles II à XV ont reçu en outre, à l'hectare, 100 kilogr. de potasse sous forme de sulfate à 50 p. 100. Il n'a été donné, aux parcelles I et XVI, aucune fumure ; elles continuent à servir de témoins.

Tous les engrais que nous venons d'énumérer ont été analysés. Le tableau suivant indique leur teneur en acide phosphorique et les quantités de chacun des phosphates qu'ont reçues les deux moitiés de chaque parcelle (75 mètres carrés).

	TENEUR CENTÉSIMALE en acide phosphorique.	QUANTITÉ DE PHOSPHATE CORRESPONDANT	
		à 300 kilogr. d'acide phosphorique à l'hectare.	à 100 kilogr. d'acide phosphorique à l'hectare.
	p. 100.	kilogr.	kilogr.
Parcelle IX. Phosphate de Portugal..................	19.84	11.250	3.750
Parcelles II, III et IV. Phosphate de Gafsa..........	24.83	9.000	3.000
Parcelles XIII, XIV et XV. Noir de Cierp..............	18.02	12.500	4.170
Parcelles X, XI et XII. Superphosphate minéral........	14.36	15.670	5.225
Parcelles V, VI, VII et VIII. Scories de déphosphoration....	15.77	14.265	4.755

PARCELLES XXVIII ET XXIX.

La parcelle XXVIII et la parcelle XXIX servent, cette année, à une expérience comparative sur la fumure au fumier et sur la fumure minérale à des doses croissantes. Le fumier provient des écuries de la Compagnie générale des voitures (fumier de tourbe). Son analyse y a révélé les teneurs suivantes en principes fortifiants :

	POUR 100 KILOGR. DE FUMIER.
Azote total..	0.754
Acide phosphorique...............................	0.403
Potasse..	0.871
Chaux...	0.502
Magnésie..	0.030

On remarquera la richesse de ce fumier, très supérieure à celle du fumier moyen d'étable.

Sept divisions ont été faites dans la parcelle XXVIII, comme l'in—

dique le plan : elles ont reçu les quantités de fumier de tourbe ou d'engrais minéraux suivants (rapportées à l'hectare) :

A. Témoin sans fumier ;

B. 25.000 kilogr. de fumier à l'hectare ;

C et G. 50.000 kilogr. de fumier à l'hectare ;

D. 75.000 kilogr. de fumier à l'hectare ;

E. 225 kilogr. d'acide phosphorique, sous forme de scories, et 450 kilogr. de potasse à l'état de sulfate ;

F. 225 kilogr. d'acide phosphorique sous forme de phosphate noir de l'Ariège (à 16.3 p. 100 d'acide phosphorique) et 450 kilogr. de potasse à l'état de sulfate.

Six divisions de la parcelle XXIX (voir le plan) ont reçu 100.000 kilogr. de fumier de tourbe à l'hectare ;

F n'a pas reçu de potasse depuis l'origine, mais du nitrate de soude (voir notice de 1898);

E a reçu de la potasse mais jamais d'azote ;

G, témoin sans fumure depuis 1892.

Les parcelles A, B, C, D sont destinées à la culture potagère.

III. SEMAILLES ET PLANTATIONS DE 1902.

Le plan indique suffisamment la distribution des cultures du champ d'expériences pour que nous puissions nous borner à quelques courtes observations sur les semis et plantations de cette année.

Les parcelles III, IV, V, VI, XI, XII, XIII et XIV sont consacrées aux essais de culture de six variétés d'avoine et d'orge. Les parcelles II, VII, VIII, IX, X et XV à la culture de deux variétés de pommes de terre. La parcelle I sert de témoin pour les céréales, la parcelle XVI pour les pommes de terre.

Les semences d'avoine noire de Mesdag et blanche de Besseler ont été mises gracieusement à ma disposition par MM. Denaiffe de Carignan. L'avoine Kirsche m'a été fournie par M. A. Kirsche, grainetier à Pfiffelbach-Apolda (Saxe). Cette variété, extra-prolifique, doit, d'après M. A. Kirsche qui l'a obtenue par sélection, donner un rendement de 46 quintaux métriques à l'hectare. Elle a reçu le premier prix de la Société allemande d'agriculture, au concours de 1898. Elle m'a paru intéressante à étudier.

Les semences d'orge Hanna, Chevalier Richardson et de Champagne m'ont été offertes par un habile agriculteur des Ardennes, M. Misset, qui les cultive avec succès. Les semences de Hanna et Richardson sont de la deuxième génération d'importation directe de Moravie et d'Angleterre. J'adresse tous mes remerciements à MM. Denaiffe et Misset.

Voici les poids de l'hectolitre de ces diverses céréales :

AVOINES.	kilogr.	ORGES.	kilogr.
Noire de Mesdag......	56.38	Hanna.............	76.38
Blanche de Besseler....	59.38	Chevalier Richardson...	75.18
Kirsche...........	55.08	Champagne.........	74.38

Toutes les semences ont été traitées par l'eau chaude à 54 degrés, d'après les indications que j'ai données dans le *Journal d'agriculture pratique*, t. II, 1901. (Destruction des spores d'*Uredo* et de *Caries*.)

Les semailles ont été effectuées le 18 mars 1902, en ligne à o m. 20 d'espacement, avec le semoir Planet-Pilter, que nous avons employé exclusivement, avec succès, depuis 1898.

Les quantités de semences employées, rapportées à l'hectare, ont été les suivantes :

AVOINES.	kilogr.	ORGES.	kilogr.
Noire de Mesdag.......	105	Hanna.............	151
Blanche de Besseler.....	122	Chevalier Richardson....	149
Kirsche...........	105	Champagne..........	130

Le semoir avait été réglé au même débit pour chacune des graines, 125 kilogr. pour l'avoine, 150 kilogr. pour l'orge (à l'hectare). Les poids de semences réellement semées ont été déterminés directement par pesées, la forme et la qualité physique des semences influant assez sensiblement, comme on le voit, sur le débit du semoir.

Les orges et les avoines ont été nitratées à la dose de 100 kilogr. de nitrate de soude, le 24 mai, les pluies persistantes jusqu'à ce jour ayant fait ajourner l'épandage du nitrate.

Les pommes de terre plantées le 25 avril dans les grandes parcelles appartiennent à deux variétés : jaune de Hollande et Blanchard. Elles ont été plantées comme nous le faisons d'ordinaire, à l'espacement de 0 m. 50 sur 0 m. 60 (33.333 plants à l'hectare).

La division G de la parcelle XXVIII a été plantée avec deux variétés nouvelles achetées à M. A. Kirsche, d'Apolda : Schneeglöckchen et Eierkartoffel.

La variété Scheeglöckchen est une variété hâtive, très prolifique. Elle est de forme régulière, à chair blanche.

La variété Eierkartoffel est plate, ovale, à chair jaune.

Ces pommes de terre appartiennent toutes deux aux variétés culinaires de la meilleure qualité.

La plantation des parcelles XXVIII et XXIX a été faite par moitié en jaune de Hollande et en Blanchard, les 6 et 10 mai 1902.

Dans la parcelle XXVIII on a fait, en G, une plantation de tubercules de jaune de Hollande, divisés en deux parties égales, comme terme de comparaison avec le reste de la plantation.

Le reste du champ d'expériences du Parc des Princes est consacré à diverses cultures potagères.

Station agronomique de l'Est, 28 mai 1902.

L. GRANDEAU.

www.ingramcontent.com/pod-product-compliance
Lightning Source LLC
Chambersburg PA
CBHW050427210326
41520CB00019B/5825